U0305169

# 外星人的威乐比水实验室

[德] 萨比娜·史戴尔 乌尔瑞克·拜耳格 苏珊娜·瓦斯 著

[德] 多罗西娅·图斯特 绘

尹 倩 译

中国铁道出版社

# 神奇的水

今天汤姆和塔拉特别高兴，因为他们的好朋友威乐比又来看他们了。威乐比是个乐于探索地球秘密的小外星人，这在《外星人威乐比的空气实验室》一书中我们已经介绍过了。

但它现在在哪儿呢？

"威乐比银色的飞船在那儿呢！"汤姆终于发现它了。

飞船降落在结了冰的池塘上，威乐比打开舱门，跳了出来。

"小心地滑！"塔拉大声喊道。但已经太晚了，威乐比已经顺着光滑的冰面滑了出去，摔了一个四脚朝天。汤姆和塔拉赶紧跑过去把它扶了起来。

"今天的地球实在是太危险了！"威乐比抱怨道。

"先是在天上飞行的时候，飞船被一大团水滴击中，搞得差点儿从天上掉下来。现在又不知道是什么鬼东西把地面弄得这么滑。"

"别担心！只是水而已！"

"这些都是水吗？"威乐比疑惑地问道，"但是天上的水滴是液体，而地面上的这些是固体啊！"

"是的，水可以变换成多种形态：可以变成雨、雪、冰，甚至还可以变成雾和蒸汽！"汤姆解释道。

威乐比吃惊地瞪大了眼睛，它从来没听说过水还有这种神奇的本领。

"你不知道水是什么？"汤姆觉得不可思议。

"你用什么洗澡啊？"

"洗澡？"威乐比并不知道洗澡是怎么回事。

汤姆和塔拉点了点头。

"看来真是特别有必要让你了解了解水了。"塔拉笑着说。

他们邀请威乐比一起回家，想要给它展示用水都能做些什么神奇的事情。当然，当务之急是让威乐比先体验一下洗澡。在这样的寒冬天气里洗个热水澡——特别是在舒服的浴缸里是多愉快的一件事啊！之后他们还要做一系列与水相关的有趣实验呢！

一起来吧！

# 变化莫测的镜子

需要的材料：
● 1面镜子

这样来操作：

1. 把镜子放在冰箱冷藏室中；
2. 几分钟后，取出镜子，对着镜子呵气。

**发生了什么？**

镜子上蒙了一层雾气。这是因为我们呼出的热气中含有许多水蒸气，而当水蒸气遇到冰冷的镜子，就会凝结成一个个极其微小的透明水珠，从而在镜子上形成一层雾气。

1

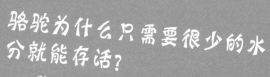

骆驼为什么只需要很少的水分就能存活？

　　骆驼的呼吸方式非常独特：它们呼出的气体非常干燥，几乎不含水蒸气，因此它们身体所需的水分也比较少。

# 冰块起重机

**需要的材料：**
- 1个透明玻璃杯
- 1个冰块
- 线
- 盐
- 水

**这样来操作：**

1. 向玻璃杯中注入水直到接近杯口为止；

2. 将冰块放入杯中；

3. 取一段线横放在玻璃杯口上，让线接触到冰块；

4. 向冰块上撒一些盐；

5. 大约30秒后，小心地提起线绳。

**发生了什么？**

线绳冻在了冰块上，冰块和线绳一起被提了起来。这是因为盐使冰块微微融化。融化的盐水流进玻璃杯中，而此时冰块周围的水又会重新结冻。这时线绳被紧紧地冻在冰中，所以我们拉着线绳就能提起冰块。

# 为什么冬天要往路上撒盐？

三九严冬时，人们会往路上撒盐。这是因为盐会使路上的冰雪融化。只要气温不低于零下15摄氏度，融化的盐水就不会再凝结成冰。

3

9

阳光照在大地上，海洋、湖泊、河流中的一部分水就会随之蒸发，形成水蒸气。我们周围的空气中含有大量的水蒸气。

# 雨是怎么形成的？

空气中的水蒸气在高空中遇到冷空气时就会凝结成水滴，形成水成云。当云中的水滴越来越多、越来越大时，水滴就会降落下来，也就是我们所说的"下雨了"。

# ？ 冬天鱼儿会 被冻住吗?

冬天许多湖都结冰了，但湖中的鱼儿依然能够生存。这是因为湖底有足够的流动的水供鱼儿所用。

湖底的水
温大约在4摄氏度。
这个温度其实比零度高不了多少，但正好适合鱼儿冬眠。也就是说，鱼儿的心脏跳动会变缓，它们也不需要进食。直到来年春暖花开之时，鱼儿才会结束冬眠。

# 水是生命之源

四月天，小孩儿脸，说变就变。刚才还在下雨，转眼间又是阳光明媚，湿漉漉的地面一会儿就被晒干了。

"咱们出去玩吧！"威乐比提议说。整整一上午它都在和汤姆、塔拉一起做实验，现在他们想出去享受雨后第一缕阳光了。他们拎着满满一桶彩色粉笔冲到外面，开始在人行道上大展画技：他们要用最鲜亮的颜色画出五彩缤纷的春天。汤姆画的是雏菊，塔拉画的是橘红色的郁金香，威乐比画的是水仙花、小草和一只花点蝴蝶。灰突突的人行道瞬间就变成了一片五颜六色的花海。

可惜好景不长，突然间空中飘来了

几朵乌云。威乐比、汤姆和塔拉赶紧跑到屋檐下避雨，可是他们刚刚画的那些花儿却彻底没救了。

"噢，不！"威乐比吓坏了，大叫道，"我们漂亮的画！"

大雨过后，地上的画全没了。

"讨厌的雨水！"它嘟囔道，决定不再喜欢水了。

"但是水非常重要，"汤姆解释说，"否则真正的花儿就不能生长了。"这是威乐比以前不知道的。

"动物和人类也离不开水，"塔拉补充道，"没有水，地球上的生命就无法存活。"

为了让威乐比更好地理解"水是生命之源"的道理，塔拉建议稍后再做一个实验。

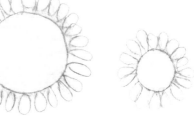

一起来吧！

# 芹菜的 "管道"

需要的材料：
- 红色的食品色素或红墨水
- 1段芹菜茎
- 1个玻璃杯

这样来操作：

1. 向玻璃杯中注满水,然后滴入色素（或墨水）；
2. 将芹菜茎放入杯中；
3. 几个小时后观察芹菜茎的变化。

发生了什么？

将芹菜茎横着切开，小朋友们能看到红色的斑点吗？它们就是芹菜茎中输送水分的管道截面。

14

## 我们的血管

我们的血液通过血管流经身体的各个部位。血管是血液流动的管道，心脏就好比驱动血液流动的泵。我们在爷爷奶奶的手背上能清楚地看到血管。

# 盛开的纸花

**需要的材料：**

- 彩纸若干
- 1个装有水的盘子
- 1把剪刀

**这样来操作：**

1. 从彩纸上剪下小花，如图所示；
2. 将花瓣向上折起；
3. 把纸花放在装有水的盘子中。

16

**发生了什么？**

纸花放入水中后，花瓣很快就会展开。纸是由木纤维构成的，遇水变湿后，木纤维就会膨胀。木纤维膨胀后，原本折起的纸花瓣很快就会随之展开。其实真花也是一样。如果花瓣蔫了，只要将它放入水中，花瓣很快就会重新绽放。

**受潮的木门**

　　如果室外空气长时间潮湿，木门就会变得很难关上，这是木材吸收了空气中的水分后开始膨胀的原因。

# 人为什么要喝水？

　　人身体的绝大部分都是由水构成的。我们每天上厕所和出汗大约要流失2.5升水，相当于5瓶矿泉水。而这些流失的水分必须补回来才行，否则我们就会脱水。我们的体内几乎充满了水。人的身体为什么需要这么多水分呢？水对人体而言有很多作用，比如像气垫一样保护身体的组织细胞。此外，水对我们体温的调节也有非常重要的作用。我们的体温必须始终维持恒定，而我们体内的水分就能起到调节体温的作用，比如通过排出汗液来维持体温。

18

地球上的所有生物都需要水才能维持生命，鱼儿也不例外。外界的水经过鱼鳃不断往鱼儿的身体里渗透，这就是鱼儿喝水的方式。

鱼儿也要喝水吗？

但是生活在大海里的鱼存在一个问题：因为海水中含有盐分，所以会导致鱼儿体内水分的流失。但是鱼儿也不能喝又咸又涩的海水呀！放心吧，鱼儿自有解决办法。它们吸入海水，然后立刻通过鱼鳃将盐分排出，所以摄入的仍然是适合饮用的淡水。

# 和小海盗打水仗

在一个炎热的夏日，汤姆、塔拉和威乐比出发前往巴登湖玩耍。"小心啦，海盗威乐比来啦！"小外星人坐在海盗船上开心地大喊。这个小船儿是汤姆用一截树皮做成的，居然还有一面帆和一个画有骷髅头的旗子。就在这时，一片桦树叶漂了过来，上面趴着一只瓢虫。它有什么宝贝可以抢夺吗？海盗威乐比正打着鬼主意时，瓢虫居然飞走了。

汤姆和塔拉也没闲着。他们在气垫上开心地戏水，气垫也随着他们的动作摇摇晃晃。

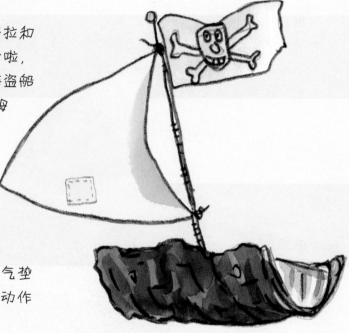

突然传来一阵大叫，兄妹俩掉进了水中。"扑通"一声，威乐比也从船上掉到了水中。

"我一直以为踢彗星足球是宇宙中最有意思的事儿，现在才发现玩水比那好玩儿一千倍！"威乐比笑着说。

20

"打水仗真是太有趣了！"塔拉欢呼道，一个猛子扎入水中。
　她建议上岸之后再来一场水枪大战。

"好！"威乐比兴奋地拍着巴掌大喊，"有水玩儿永远都不会无聊，而且还充满了惊喜呢！"

一起来吧！

# 会游泳的曲别针

**需要的材料：**
● 1包纸巾
● 1个装有水的玻璃碗
● 衣夹若干
● 曲别针若干

这样来操作：

1. 将曲别针和衣夹放入碗中，看一看它们能否浮在水面上；

2. 抽出一张纸巾，揭下其中一层，将它铺放在水面上；

3. 将几枚曲别针小心地放在纸巾上，仔细观察。

**发生了什么？**

当我们将曲别针和衣夹直接放入碗中时，它们会沉入水底。如果将它们小心翼翼地放在纸巾上，它们则会浮在水面上。这是水面张力作用的结果。水由无数微小的水分子组成，它们紧紧地吸附在一起，在水表面形成张力。如果我们将非常轻的东西小心翼翼地放在水面上，只要水面张力不被破坏，它们就能浮在水面上。

**3**

## 蜻蜓的战争

　　蜻蜓在水中产卵。产卵时它们必须将尾尖插入水中，就是我们常见的蜻蜓点水。这个动作在我们看起来再简单不过了，但是对蜻蜓而言，破坏掉水面的张力则需要耗费许多力气，不亚于是一场战争。

# 水油不相溶

**需要的材料：**
- 色拉油
- 食用色素或墨水
- 1个透明玻璃杯

**这样来操作：**

1. 向玻璃杯中注入四分之一杯水；
2. 向水中滴入几滴色素或墨水；
3. 再向玻璃杯中倒入和水等量的色拉油；
4. 将油水混合物搅拌均匀，然后静置观察。

**发生了什么？**

我们会发现杯中的液体发生了分层。即便之前进行了均匀搅拌，但是静置片刻之后，色拉油就会重新浮在水面之上。这是因为较重的液体会沉到下面，而较轻的液体则会浮到上面。在实验中，油比水轻。

24

## 海洋污染

虽然严令禁止，但是还是有人将废油倒入海中。废油就像地毯一样铺在海面上，不会与海水相溶。对于海中的动物而言，这是非常危险的。

# 水黾是如何"水上漂"的?

小朋友们在池塘边观察过水黾吗?它们可以在水面上行走自如,而不划破水面。行走时,它们的腿会稍作弯曲,就像溜冰者一样在水上滑行。有时,它们会像闪电一样向前冲去。这是因为在水上行走的过程中,它们的尾部会滴下一滴液体。这滴液体落在水面上,会破坏掉水面张力。这时,它们就不得不加速向前冲去,否则就要沉入水底了。

# 我们为什么要使用洗涤剂？

仅仅靠水是无法去除衣物上的污渍的。洗涤剂可以同时完成两件事：它会完全溶于水，然后像磁铁一样吸附住污渍；与此同时，它会将污渍分解成小颗粒，然后污渍颗粒就会消散到水中。这样衣物上的污渍就清除干净了。

北京市版权局著作权合同登记 图字01-2015-1014号

图书在版编目（CIP）数据

外星人威乐比的水实验室 / (德) 史戴尔, (德) 拜耳格, (德) 瓦斯著 ; (德) 图斯特绘 ;
尹倩译. — 北京：中国铁道出版社, 2016.1
ISBN 978-7-113-21140-0

Ⅰ. ①外… Ⅱ. ①史… ②拜… ③瓦… ④图… ⑤尹… Ⅲ. ①水 – 科学实验 – 儿童读物 Ⅳ. ①P33–33

中国版本图书馆CIP数据核字（2015）第285897号

Published in its Original Edition with the title
Experimente-Velbi entdeckt das Wasser
Copyright © 2011 Christophorus Verlag,GmbH&Co.KG, Freiburg i.Br.
This edition arranged by Himmer Winco
© for the Chinese edition: China Railway Publishing House

Himmer Winco

本书中文简体字版由北京永图奥码文化传媒有限公司独家授予中国铁道出版社。

书　　名：外星人威乐比的水实验室
作　　者：［德］萨比娜·史戴尔　乌尔瑞克·拜耳格　苏珊娜·瓦斯 著
　　　　　［德］多罗西娅·图斯特 绘
　　　　　尹　倩 译

策划编辑：孟　萧
责任编辑：付巧丽　　　　编辑部电话：010–51873697
责任印制：郭向伟

出版发行：中国铁道出版社（100054，北京市西城区右安门西街8号）
网　　址：http://www.tdpress.com
印　　刷：中煤涿州制图印刷厂北京分厂
版　　次：2016年1月第1版　　2016年1月第1次印刷
开　　本：710mm×1000mm　　1/12　　印张：2.5　　字数：30千
书　　号：ISBN 978-7-113-21140-0
定　　价：12.80元